Taha Agacdograyan, Daniel Mair

Aus der Reihe: e-fellows.net schüler-wissen

e-fellows.net (Hrsg.)

Band 12

Größenbestimmung von Sonne und Mond mit Hilfe einfacher astrofotografischer Methoden

GRIN Verlag

Bibliografische Information der Deutschen Nationalbibliothek:

Die Deutsche Bibliothek verzeichnet diese Publikation in der Deutschen National-bibliografie; detaillierte bibliografische Daten sind im Internet über http://dnb.d-nb.de/ abrufbar.

Impressum:

Copyright © 2011 GRIN Verlag GmbH
Druck und Bindung: Books on Demand GmbH, Norderstedt Germany
ISBN: 978-3-656-53635-2

Dieses Buch bei GRIN:

http://www.grin.com/de/e-book/264053/groessenbestimmung-von-sonne-und-mond-mit-hilfe-einfacher-astrofotografischer

Größenbestimmung von Sonne und Mond
Welche Methode ist besser ?

Taha Ağaçdoğrayan, Daniel Mair

Klasse 10c

Robert-Bosch-Gymnasium Wendlingen

13.Mai 2011

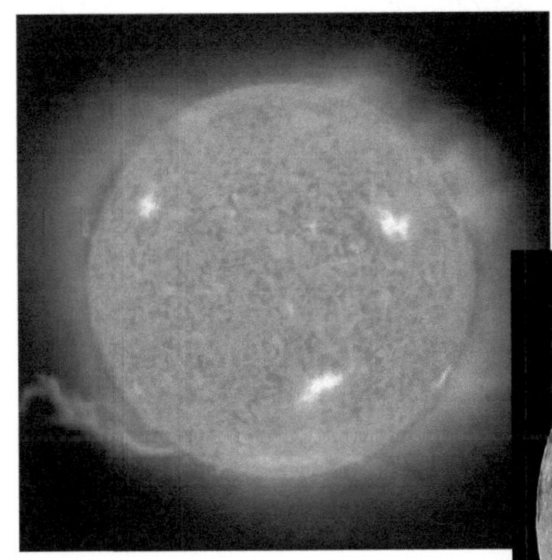

Inhaltsverzeichnis

1. Eingangsmotivation: Entstehung der Interesse am Thema

Die Astronomie hat die Menschen schon immer beschäftigt. Schon in der Antike hatte man sich viele Gedanken über die Eigenschaften der Sterne gemacht. Deshalb fanden auch die ersten Messungen an den Sternen schon in der antiken Zeit statt. Zum Beispiel hat Aristarch erste Messungen zur Entfernungsbestimmung der Sonne entwickelt [1], die heutzutage immer noch bedeutend für die moderne astronomische Entfernungsbestimmung sind.

Nach der Entwicklung der Optik bekam die Astronomie einen noch größeren Schwung und von nun an konnte man die Himmelskörper besser beobachten und folglich genauere Gesetzesmäßigkeiten im Universum feststellen.

Das Interesse an dieser Wissenschaft war schon immer sehr hoch. Deswegen hat sich die Astronomie immer weiterentwickelt. Die Menschen haben nie aufgehört die Astronomie für etwas Wichtiges zu halten. Und heutzutage schreitet sie immer merklich schneller voran als nie zuvor. Diese enormen Fortschritte in der Astronomie werden auch in Zukunft so weitergehen. Das Universum hat noch sehr viele unentdeckte Gebiete, sodass es noch vieles zu erforschen gibt und sich die Astronomie somit nur noch weiterentwickeln kann.

Schon zu Kindzeiten haben wir uns über den Nachthimmel fasziniert. In der Schule lernten wir die großen Planeten kennen, die aber uns winzig klein erscheinen. Diese Lehre hat unsere Phantasie beflügelt und wir sehnten uns dann noch mehr darüber zu lernen. Es ist für uns nun ein Hobby geworden, die winzig kleinen Objekte mit einem Feldstecher größer zu beobachten und uns immer noch zu fantasieren. Natürlich fiel dann auch die Entscheidung, über welches Gebiet wir uns bei der Portfolioarbeit widmen sollten, nicht schwer.

Bei dieser Portfolioarbeit bekamen wir auch zum ersten Mal die Gelegenheit aus unserem Hobby wissenschaftliche Versuche durchzuführen. Bei der Suche nach einem Thema bemerkten wir auch, dass die Astronomie noch vieles mehr anbietet, als wir es uns vorgestellt haben. Jetzt wurde uns klar, dass wir aus unseren Kenntnissen und unseren Hobbybeobachtungen schon die Größen von Objekten bestimmen können. Nachdem dieses Thema auch noch in einer Zeitschrift [2] vorgestellt, wurde entschieden wir uns für dieses Thema und hoffen unsere Faszination mit wissenschaftlichen Vorgängen zu verknüpfen.

2. Einleitung

Schon unsere Kenntnisse aus der 6. Klasse in Physik im Bereich der Optik kann man als Basis für unsere Versuchsaufbauten benutzen. Dabei machten wir nämlich Bekanntschaft mit Bild und Abbild und jeweils dessen Entfernung zur Lochblende. Aus diesen Versuchen erschlossen wir uns ein Zusammenhang zwischen diesen vier Größen:

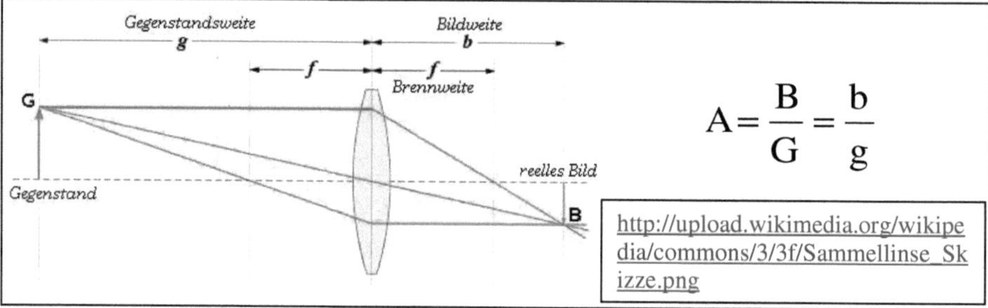

Wir wollen aber bei dieser Arbeit schon einen Schritt weitermachen und diese Abbildungsgleichung auf eine Kamera übertragen. Vor der eigentlichen Messung muss aber der Abbildungsmaßstab A der Kamera ermittelt werden. Erst danach kann man zum ersten Mal die Größe von Sonne und Mond mit einer Kamera bestimmen. Dies wird unsere erste Methode sein. Danach wird man auf diesem Kameraversuch vieles Weitere aufbauen.

Bei der fortgeschrittenen Astrofotografie werden nämlich zusätzlich zu den Kameras auch Teleskope verwendet. Es gibt jedoch verschiedenste Verfahren der Astrofotografie mit Teleskopen, davon einige hier auf die Probe gestellt werden. Nicht jede Fotografie-Methode ist für die Größenbestimmung auch geeignet. Wir suchen nach der besten Methode mit dem man mithilfe der Abbildungsgleichung die genaueste Größe der Himmelskörper ermittelt. Nachdem man die Versuche zur Größenbestimmung mit dem Teleskop und mithilfe der Abbildungsgleichung unternommen haben, wenden wir uns einer noch komplexeren Größenbestimmung. Genauer wird nämlich die Größe nicht mit der Linsengleichung festgelegt sondern mit der Zeitmessung. Dabei wird auch anstatt eines Einzelbildes eine Videosequenz aufgenommen. Aus diesem Video kann man die Zeit messen, wie lang der Körper für seinen Durchmesser benötigt. Zu dieser Variante wird in der Theoriephase eine Gleichung aufgestellt mit dieser die Größe des Objekts festgestellt wird. Schlussendlich wird diskutiert welche Methode, welche Aufnahme und welche Gleichung zum besseren Ergebnis führt.

3. Größenbestimmung mit einer Kamera

3.1 Theorie zum Kameraversuch

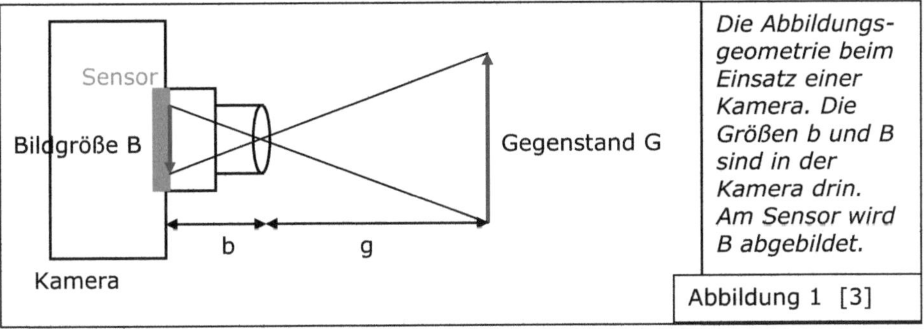

Abbildung 1 [3]

In unserer ersten Theorie wollen wir versuchen die Abbildungsgleichung beim Einsatz einer Kamera zu verwenden. Dies ist im Vergleich zu Versuchen mit einer Lochblende ein wenig komplexer, weil man bei der Kamera die Größen nicht einfach mit einem Maßband messen kann. Man stößt auf einige Schwierigkeiten bei der Messung der für den Abbildungsmaßstab ($A=B/b$) notwendigen Größen, wenn man eine Kamera verwendet.

3.1.1 Problem

Wie man auch an Abbildung 1 sehen kann, sind die für den Abbildungsmaßstab notwendigen Größen B und b sozusagen in der Kamera versteckt und nicht zugänglich und somit auch nicht messbar.

1. Die Bildgröße B wird bei der Kamera am Sensor (Schirm) abgebildet.

2. Die Bildweite b ist der Abstand vom Sensor zur Objektivlinse.

Beide Größen sind ohne Weiteres nicht mit Maßbändern messbar.

Um beim Einsatz der Kamera dennoch den Abbildungsmaßstab A zu ermitteln und später die Gegenstandsgröße G zu berechnen, muss mindestens einer der beiden unbekannten Werte davor ermittelt werden. Da man ja unterschiedlich große und unterschiedlich weite Gegenstände fotografiert, wird die Bildgröße B auch immer unterschiedlich groß. Aber die Bildweite b der Kamera bleibt, wenn man die Einstellungen der Kamera nicht verändert, immer konstant. Daher wird als erstes die Größe b in einem so genannten Vorversuch ermittelt und erst später wird man mit diesem Wert die wahre Größe von Himmelskörpern bestimmen.

3.1.2 Herleitung der unbekannten Größe b

(siehe dazu auch 3.2.4: Durchführung)

Zuerst einmal nimmt man sich einen bekannten Gegenstand und misst dessen Größe (G). In einer bekannten Entfernung g stellt man die Kamera und richtet sie zum Gegenstand G. Somit hat man auch den Abbildungsmaßstab A=g/G. Nachdem man ein Foto (Abbild) gemacht hat, öffnet man es am Computer mithilfe des geeigneten Softwares (*Irfan View*) und misst seine Länge in Pixel. Somit hat man die 3. Größe (B) erhalten und die 4. Größe, also die Bildweite (b) kann man durch die Abbildungsgleichung berechnen.

Für sie gilt:
$$b = A \cdot B = \frac{g}{G} \cdot B$$

3.1.3 Bemerkung zur Größe b

Da man die Größe b der Kamera beeinflussen könnte, wenn man die Einstellungen der Kamera v.a. den Zoom der Kamera verändert, wird man bei der Größenbestimmung mit der Kamera immer den gleichen und zwar den 5-fachen Zoom verwenden. Andererseits würden die Himmelskörper ohne Zoom zu klein auf dem Foto abgebildet sein und ihre Größe eventuell mit dem Programm auch zu grob markiert sein. Nach unseren Erwartungen wird der 5-fache Zoom jedoch auch keine riesigen Bilder von den beiden Objekten liefern.

Im Folgenden kommt ein Vorversuch der dafür da ist, die Größe b zu bestimmen und zu kontrollieren ob die Linsengleichung erfolgreich auf die Kamera übertragen ist. Der hauptsächliche Kameraversuch, also die erste Methode soll dann schon zum ersten Mal Größen von Sonne und Mond bestimmen.

3.2 Vorversuch mit einer digitalen Kamera

3.2.1 Ziel

Mithilfe der Theorie aus 3.1 die Linsengleichung auf die Kamera übertragen und zuerst die unbekannte Größe b der Kamera bestimmen. Anschließend im Kontrollteil desselben Versuchs die Größe b auf Richtigkeit überprüfen.

3.2.3 Materialien

- Kamera (Fujifilm finepix j120)
- Gegenstand dessen Größe bekannt ist. (Siehe: Bild 3) (Meterstab)
- Maßband zum Vermessen des Abstandes g
- Geeignetes Bildbearbeitungsprogramm (*IrfanView*)

3.2.4 Durchführung

In einem Abstand von 2 Metern (g) wird ein Gegenstand fotografiert, dessen Größe (G=0,15m) vorher gemessen wurde. Das Fotografieren erfolgt mit 5-fachem Zoom. Mithilfe des Programms IrfanView wird nun die Bildgröße (B) des Fotos in Pixel abgemessen. Somit erhält man drei Werte (G, g, B) aus dem man danach die Bildweite b der Kamera berechnet. (Siehe dazu: 3.1.2)

3.2.5 Ergebnis

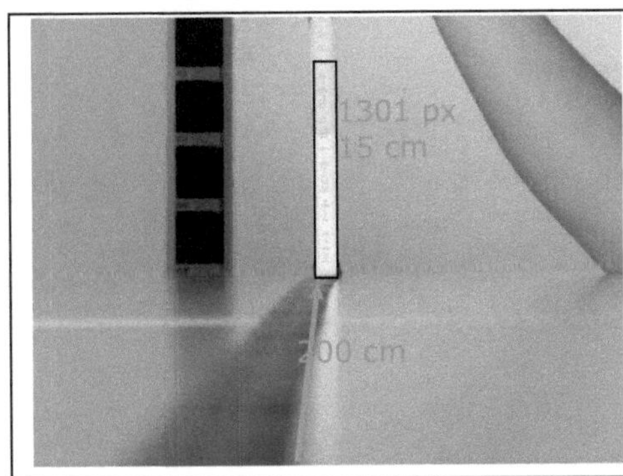

Wie man auch vom Foto erkennt beträgt:

G= 15 cm
g= 200 cm
B= 1301 px

Abbildung 2

Nun lässt sich aus der Linsengleichung der folgende Wert für b ergeben:

$$b = \frac{2m}{0,15m} \cdot 1301\,px = 17346,666\,px$$

3.2.6 Zwischenerklärung

Als aller erstes fällt uns etwas Merkwürdiges auf. Die Bildweite b kommt in Pixel heraus und nicht in einem herkömmlichen Längenmaß. Aber dies wird kein Problem sein, weil sich bei der Berechnung der Gegenstandsgröße beim Kontrollteil des Versuches die Pixel kürzen werden: $G = \dfrac{B(\text{in Pixel})}{b(\text{in Pixel})} \cdot g(\text{in Metern})$

Viel dazu lässt sich bis jetzt noch nichts für dieses Ergebnis sagen, weil es keine Literaturwerte dafür gibt. Aber im folgenden Kontrollteil des Vorversuches wollen wir nun auf die Richtigkeit des Wertes b überprüfen.

3.2.7 Durchführung des Kontrollversuchs

Man nimmt sich einen unbekannten Gegenstand G und stellt es in einer bekannten Entfernung (g) von der Kamera ab. Nun fotografiert man mit den unveränderten Einstellungen der Kamera den Gegenstand ab und ermittel mittels *IrfanView* seine Bildgröße B in Pixel. Und mit der errechneten Bildweite b aus dem ersten Versuchssteil hat man nun drei Werte (g,B,b) und darunter auch den Abbildungsmaßstab A=B/b erhalten. Dann lässt sich die Gegenstandsgröße G des Buches einfach berechnen.

3.2.8 Kontrolle

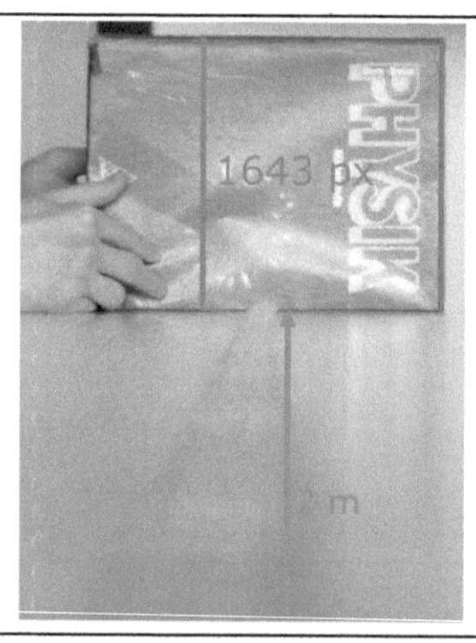

Kontrollergebnis

Nun lässt sich aus den 3 bestimmten Werten (B,b,g) mithilfe der Abbildungsgleichung die Größe G für die Buchkante ergeben:

$$G = A \cdot g = \frac{B}{b} \cdot g = \frac{1643\,\text{px}}{17346{,}666\,\text{px}} \cdot 2\text{m}$$

$$= 0{,}1894 \text{ m} = \underline{18{,}94 \text{ cm}}$$

Abbildung 3

3.2.9 Deutung

Als Vergleich messen wir mit einem Lineal diese Buchkante und lesen am Lineal 19,3 cm ab. Wenn wir nun den berechneten Wert mit diesem „(Literatur-)Wert" vergleichen, so ergibt sich eine Abweichung von rund 2%. Wenn man bedenkt, dass man bei einer Gegenstandsgröße von 20cm eine Abweichung von 3 mm erhält, dann sollte, wenn man hochgerechnet im Idealfall bei einer Gegenstandsgröße von ungefähr 1 400 000 km (Sonnengröße) eine Abweichung von nur 21 000 km hervorkommen. Wir erwarten zwar nicht gleich bei der ersten Methode, diesen Idealfall zu bekommen, aber der Vorversuch hat gezeigt, dass sich die Übertragung der Abbildungsgleichung von der Lochblende aus der sechsten Klasse auf die Kamera bis jetzt funktioniert hat. Ob dieser gleiche Erfolg jedoch nur bei „weltlichen" Gegenständen der Fall ist oder der gleiche Erfolg sich auch bei der Messung von astronomischen Objekten widerspiegelt, lässt sich im eigentlichen Versuch mit der Kamera feststellen.

Bei dieser kleinen Abweichung muss es sich um Markierungsungenauigkeiten am Programm handeln. Man könnte auch den Vorgang wiederholen und mehrmals die Bildweite b bestimmen um eventuell diese kleine Abweichung noch zu verbessern. Aber wir denken nicht einen „genaueren" Wert auch beim wiederholten Vorgang zu bekommen. Es ist bemerkenswert, dass man schon mit einfachen technischen Mitteln recht genaue Größen der Gegenstände ermitteln kann. Bis jetzt hat dieser Vorversuch gut funktioniert.

3.3 Versuch zur 1. Methode: Größenbestimmung mit Kamera
3.3.1 Ziel

Mithilfe der Theorie aus 3.1 und der ermittelten Bildweite b aus 3.2.5 die Größe der Himmelskörper Sonne und Mond bestimmen.

3.3.2 Materialien

- Kamera (Fujifilm finepix j120)
- Für das Fotografieren der Sonne: Baader-Sonnenfolie
- Ggf. auch ein Stativ für die Kamera

3.3.3 Durchführung

Nachdem man das 5-fache Zoom bei der Kamera eingestellt hat, fotografiert man die Sonne und den Mond. Beim Fotografieren der Sonne muss man beachten, dass man vor der Kamera einen Baader-Sonnenfilter hält, somit erhält man ein gutes kreisförmiges Bild von der Sonne. Danach werden die Bildgrößen mithilfe des Programms IrfanView ermittelt und die Entfernungen (g) zu den Objekten (in Stellarium) recherchiert.

3.3.4 Ergebnis

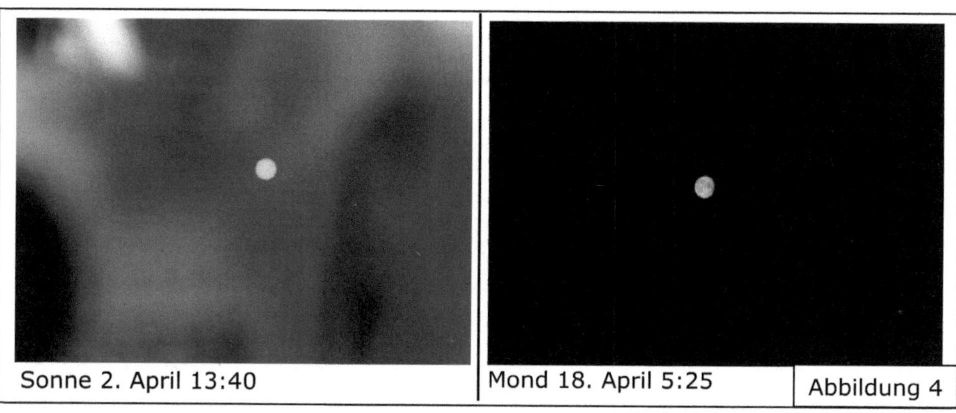

| Sonne 2. April 13:40 | Mond 18. April 5:25 | Abbildung 4 |

	Sonne	Mond
Größe auf Abbildung 4	B = 175 px	B = 174 px
Entfernung (Stellarium)	g = 149 521 322 km	g = 363183 km
aus dem Vorversuch 3.2	b = 17346,666 px	b = 17346,666 px
mit der Linsengleichung	**G = 1 508 430 km**	**G = 3 643 km**

Objekte	Ermittelter Wert	Literaturwert	Abweichung
Sonne	1 508 430 km	1 392 000 km [4]	8,3 %
Mond	3 643 km	3 476 km [5]	4,8 %

Bemerkung: Die „geschwollene" Umgebung der Sonne (Abbildung 4 links) entstand, als die Baader-Sonnenfolie sehr nah vor der Kamera stand.

3.3.5 Deutung

Der erste Aspekt den man erkennt, ist dass beide Objekte im Foto recht klein abgebildet sind, wie wir es auch schon erwartet haben. Das sehen wir als ein Nachteil bei diesem Versuch. Denn das genaue Markieren von kleineren Gebieten auf dem Foto ist schwierig und die Ungenauigkeit der Markierung bei diesem Objekt ist größer. Dies ist ein wichtiger Grund warum es zu Abweichungen kommt. Z.B. war das Buch im Kontrollversuch 3.2.8 sehr groß abgebildet. Dort macht es weniger aus, wenn man ein wenig ungenau markiert. Daher werden wir uns als nächstes ein Versuch planen, die ein größeres Abbild der Himmelskörper hervorbringen soll, um somit die Messungenauigkeiten zu reduzieren. Z.B. eignet sich dafür ein Teleskop. Da man ja Teleskope benutzt um Himmelsobjekte größer anzuschauen, planen wir als Änderung bei der 2. Methode ein Teleskop zu verwenden, damit wir größere Abbilder bekommen.

Ein anderer Aspekt, dass auffallend ist, dass die markierten Größen in Pixel ungefähr gleich groß sind. (Sonne: 175 px; Mond 174 px) Das kommt daher, dass die scheinbaren Durchmesser (siehe Glossar) ungefähr bei beiden Objekten gleich groß sind. [8] Dennoch sind die Unterschiede der Abweichungen bei Mond und bei Sonne viel zu groß, obwohl sie gleich groß erscheinen. Das zeigt, das gleich große Markierungen unterschiedlich große Abweichungen verursachen kann.
Die Unterschiede, wieso es bei der Sonne eine höhere Abweichung gegeben hat, könnten auch an der Baader-Sonnenfolie liegen. Aber laut den Qualitätskriterien würde diese Sonnenfolie das Sonnenlicht um 99% reduzieren und somit nur die Sonnenkugel widerspiegeln. [6][7] Daraus kann man schließen, dass die Sonnenfolie für diese Abweichung nicht verantwortlich ist.

Wenn man nach weiteren Ursachen sucht warum es zu Abweichungen kommt, könnte vielleicht die Tageszeit und die Lage am Himmel eine Ursache dafür sein. Wenn man nun die Lage am Himmel in Betracht zieht, kann man allgemein sagen, dass Objekte in der Nähe des Zenits viel kleiner wirken, als am Horizont. Die Sonne beim Sonnenuntergang wirkt viel größer, als wenn die

Sonne ganz oben im Zenit steht. Auch beim Mond ist es derselbe Fall. Dabei handelt es sich um eine optische Täuschung, die als Mondtäuschung bezeichnet wird (Mondtäuschung: siehe Glossar). Die Ursache dieses Phänomens ist physikalisch nicht erklärbar. Warum wir Menschen es mal größer und mal kleiner sehen, hängt von unserer Wahrnehmungspsychologie ab. Aber bei der Fotografie von einem Sonnen- bzw. einem Monduntergang kommt diese optische Täuschung nicht zum Vorschein und wir fotografieren also immer die gleichgroße Sonne oder Mond. [34]

Auch die verwendeten Materialien könnten eine bedeutende Rolle spielen. Außer der verwendeten Baader-Sonnenfolie könnte auch die Kamera die Abweichungen verursachen oder sie zumindest erhöhen. Wir denken nicht, dass diese Kamera (Fujifilm finepix j120) nicht unbedingt für die Leute hergestellt wurden, die mit dieser Astrofotografie betreiben. Bei der fortgeschrittenen Astrofotografie werden hauptsächlich digitale Spiegelreflexkameras oder Webcams verwendet. [10] [11] [15] [16] Als Optimierung und Änderung soll im nächsten Versuch eine Webcam verwendet werden. Ob sie für die Größenbestimmung besser geeignet ist, erfährt man im nächsten Versuch.

4. Größenbestimmung mit einem Teleskop
4.1 Allgemeine Theorie zu den Teleskopversuchen

Bei der Astrofotografie mit Teleskopen gibt es verschiedenste Varianten Fotos zu erzeugen. Die beliebtesten Verfahren der Fotografie hierbei sind die fokale und die afokale Fotografie.

Der Unterschied zwischen den beiden Varianten liegt am Strahlenverlauf des eintreffenden Lichts.

Während bei der fokalen Variante die Lichtstrahlen die aus einer „unendlich" weiten Entfernung parallel in ein Linsensystem eintreffen aber **zerstreut oder gebündelt** aus dem Linsensystem des Teleskops wieder heraustreten, verursacht ein afokales Linsensystem bei der afokalen Variante der

Astrofotografie, dass das parallel eintretende Licht wieder **parallel** aus dem Linsensystem des Teleskops heraustritt. [14]

Nun gilt es mit einem Teleskop, seinem Zubehör und einer Kamera solche Theorien mit dem Ziel zu konzipieren, dass man ein fokales und ein afokales Linsensystem aufbaut und die austretenden Lichtstrahlen eines Himmelsobjektes aus dem Linsensystem mit einer Kamera aufnimmt.

4.2 Theorie zur fokalen Astrofotografie

4.2.1 Aufbau

Der Aufbau einer fokalen Fotografiemethode besteht aus einer Linse (Hauptspiegel) und einer Kamera (Webcam) ohne Objektiv, so dass die Lichtstrahlen direkt vom Hauptspiegel ohne weitere Brechung in die Sensorfläche gelangen.

Bei der fokalen Variante bricht der Hauptspiegel des Newton-Teleskops das parallel eintreffende Licht und lenkt sie an den Fangspiegel, der dies wiederum aus dem Teleskop in eine Kamera (Webcam) richtet. (siehe Abbildung 5) Die Strahlen, die nach dem Hauptspiegel verlaufen, sind nicht parallel, so wie es bei dieser fokalen Methode auch sein sollte und sie treffen am Ende im Brennpunkt des Hauptspiegels auf die Sensorfläche der Kamera. Bei dieser Variante muss man darauf achten, dass das Objektiv der Kamera (Webcam) abmontiert werden muss. [17][18]

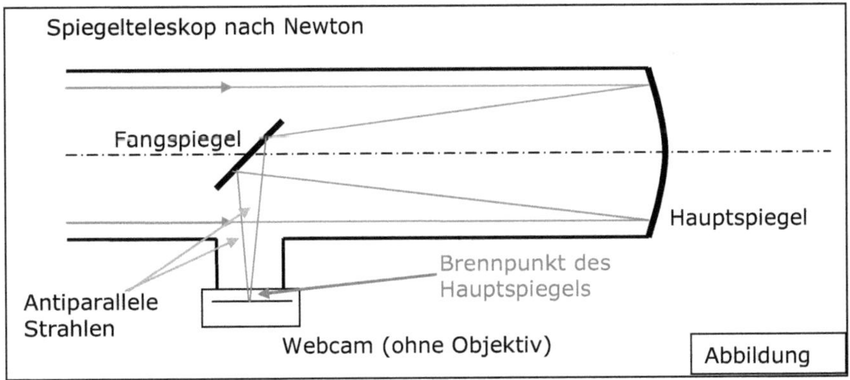

(für die Materialien Teleskop und Webcam: siehe Anhang 7.1 - 7.2)

4.2.2 Umsetzung der Linsengleichung auf die fokale Astrofotografie

Dieses optisch einfach gebaute Linsensystem bringt aber trotzdem zwei grundlegende Veränderungen im Vergleich zu den Kameraversuchen aus 3.2 und 3.3.:

1. Da ja nun die Kamera kein Objektiv mehr hat, darf man die in 3.2 errechnete Bildweite b nicht mehr verwenden und muss sie sich anders herleiten.

2. Die zweite Veränderung wäre die Bildgröße B. Herkömmlich wurde sie immer in Pixel festgesetzt. Jedoch müsste man aber einen anderen Weg finden, falls die erste Veränderung, also die Bildweite b nun bei diesem Verfahren nicht in Pixel hergeleitet wird. Damit ein richtiger Abbildungsmaßstab bei der Berechnung herauskommt, müssen die Größen B und b hier dieselbe Maßeinheit haben. Wenn b sich nun in Metern herleiten lässt bei der fokalen Astrofotografie, dann muss man auch ein Weg finden die Bildgröße B auch in Metern herzuleiten. Andernfalls wäre dieses Problem beseitigt. (für eine andere Skizze: siehe Anhang 7.3)

4.2.3 Herleitung der unbekannten Größen

Die erste Veränderung, nämlich die für den Abbildungsmaßstab notwendige Bildweite b lässt sich einfach ableiten. Wenn man sich das Bild anschaut, erkennt man, dass das Licht am Hauptspiegel gebrochen wird. D.h. die Bildweite beginnt dort an. Danach verlaufen die Lichtstrahlen via den Fangspiegel und versammeln sich im Brennpunkt F, die auch an der Sensorfläche der offenen Kamera liegt D.h. Hierbei gilt b = f. Anders gesagt, die Lichtstrahlen eines „unendlich" weit entfernten Objekts werden durch den Hauptspiegel stark gebrochen und in einem Abstand der Brennweite wieder abgebildet. (siehe Anhang 7.3). [19]

Eine Anzeige am Teleskop besagt F=1200mm (siehe Anhang 7.1.). Beim Nachmessen dieser Länge erreichen wir auch den gleichen Wert.

Folglich zeigt dies, dass man die zweite Veränderung auch beachten muss.

Da man nun die Bildweite b in Metern hergeleitet hat, muss man die Bildgröße B auch in dieser Maßeinheit herleiten:

Dazu muss man davor die Länge bzw. die Breite des Sensors in den Datenblättern für die Kamera recherchieren. [13] Anschließend muss man auch wissen mit welcher Auflösung die Kamera fotografiert. Der Quotient aus diesen beiden Werten besagt, wie groß ein Pixel in Millimeter oder Mikrometer ist.

Danach kann man wieder herkömmlich vorgehen und einfach den Gegenstand im Foto, also die Bildgröße durch Markieren mit der geeigneten Software (IrfanView) in Pixel bestimmen.

Nun kann man mit der folgenden Formel die Bildgröße B in einer Längenmaßeinheit berechnen:

$$B = \frac{\text{Sensorlänge}}{\text{Auflösung des Bildes}} \cdot \text{Durchmesser} = \frac{4{,}6\,\text{mm}}{640\,\text{px}} \cdot \text{Durchmesser}(\text{px}) \qquad (1)$$

Wie man es auch in der letzten Deutung angesprochen hat, verwenden wir hier als Veränderungen ein Teleskop und eine Webcam. Unseren Erwartungen nach soll das Teleskop als Vergrößerung dienen und ein größeres Abbild erzeugen. Durch die Benutzung einer anderen Kamera soll entschieden werden, welche Kamera besser geeignet ist für die Größenbestimmung.

4.3 2. Methode: Die fokale Astrofotografie

4.3.1 Ziel

Mithilfe der Theorie von 4.2 die Größe der Sonne und des Mondes mit der fokalen Fotografiemethode bestimmen.

4.3.2 Materialien

- Teleskop (Angaben dazu siehe Anhang)
- Webcam, ohne Objektiv (Angaben dazu siehe Anhang und [13])
- Für das Fotografieren der Sonne: Baader-Sonnenfolie*
- Schwarzes Tuch zum Verdunkeln bei der Sonnenaufnahme

4.3.3 Durchführung

Nachdem man die Webcam mit dem Computer angeschlossen hat und an die Stelle des Okulars am Teleskop platziert hat und die Schärfe eingestellt hat, macht man mit der geeigneten Software (Giotto) Bilder, die man im Anschluss mit der Bildbearbeitungssoftware (IrfanView) markiert und ihre Bildgröße B bestimmt. Bei der Fotografie der Sonne wird die Baader-Sonnenfolie verwendet und ein schwarzes Tuch um die Kamera umgehängt, damit die Helligkeit des hellen Tages die Webcam nicht beeinflusst.

4.3.4 Ergebnis

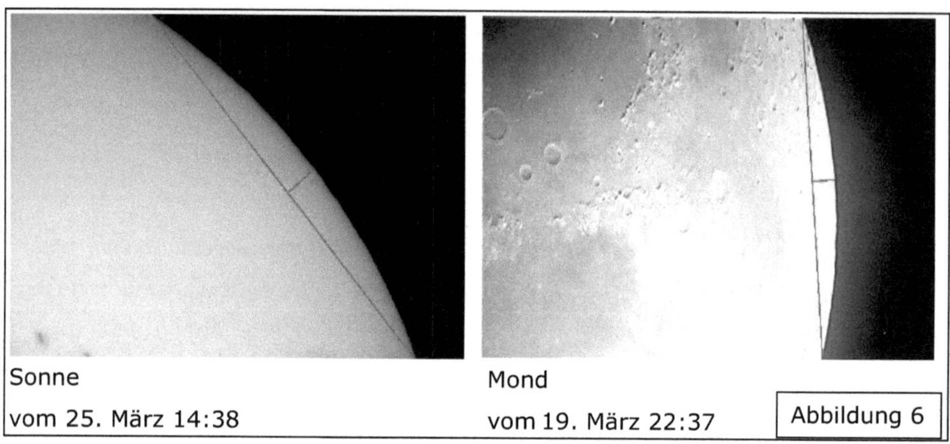

Sonne
vom 25. März 14:38

Mond
vom 19. März 22:37

Abbildung 6

Bei diesen Bildern kann man den Durchmesser nicht markieren. Man kann nur einen Segment s und eine Segmenthöhe h markieren. Aus diesen beiden Werten lassen sich dennoch der Radius und der Durchmesser berechnen: [22]

$$r = \frac{4h^2 + s^2}{8h}$$

Ergebnisse Sonne:

Segment s:	605 px
Segmenthöhe h:	52 px
Radius :	905,8678 px
Durchmesser :	1812 px

Aus (1) B = 13,009375 mm

$$G = \frac{B}{b} \cdot g = \frac{13,009375 \text{ mm}}{1200 \text{ mm}} \cdot 149\,178\,870 \text{ km}$$

- 14 -

Ergebnisse Mond:

Segment s:	481 px
Segmenthöhe h:	34 px
Radius :	867,5919 px
Durchmesser:	1735 px

B = 12,4716 mm

$$G = \frac{B}{b} \cdot g = \frac{12,4716 \text{ mm}}{1200 \text{ mm}} \cdot 370\,425 \text{ km}$$

= <u>1 617 270 km</u>

= <u>3 850 km</u>

Abweichungen: Sonne: 17 %

Mond: 10,8 %.

4.3.5 Deutung

Der erste Aspekt, was uns an den Fotos auffällt, sind die viel zu groß abgebildeten Himmelsobjekte, wo man jeweils nur einen Abschnitt erkennt. Die Ursache, wieso die Objekte viel zu groß abgebildet sind, liegt in der verwendeten Webcam. Sie hat im Vergleich zur der Digitalkamera aus der 1. Methode eine kleinere Sensorfläche [12][13] In diese kleine Sensorfläche der Webcam konnte bei diesem Versuch nicht die ganze Größe des jeweiligen Himmelsobjekts projiziert werden. Nur ein Abschnitt konnte abgebildet werden, woraus man nur ein Segment und eine Segmenthöhe markieren konnte und erst danach den Durchmesser überhaupt ausrechnen konnte. Von da her konnte man es eigentlich vorhersehen, dass die kleine Fläche, diesen großen Durchmesser der Objekte nicht anzeigen wird. Dies haben wir leider bei der Planung nicht erkannt und in der Theorie nicht erwähnt. Dieses für die Größenbestimmung von Mond und Sonne umständliche Verfahren hat auch keine guten Ergebnisse gebracht. Hierbei machen wir die Rolle des Markierens verantwortlich. Denn schon kleine Markierungsungenauigkeiten werden potenziert und multipliziert, sodass der errechnete Durchmesser viel zu grob wird. Von diesen Erfahrungen her können wir sagen, dass zu kleine und zu große Abbildungen nicht besonders gute Ergebnisse für die Größenbestimmung liefern. Wir haben zwar erwartungsgemäß unser Ziel erreicht, dass wir eine „größere" Sonne und einen „größeren" Mond bekamen, aber haben nicht vorhergesehen, welche Konsequenzen es haben wird, wenn das Abbild keinen Durchmesser zeigt. Daher werden wir sicherheitshalber bei der afokalen Methode die Webcam durch die ursprüngliche Digitalkamera zurücksetzen. Dann erwarten wir auch eine Abbildung zu bekommen, die zwar groß ist, aber wo man trotzdem den Durchmesser sofort markieren kann.

Wenn man noch mal auf die Webcam zurückkommen, werden Webcams in der Hobbyastronomie häufig eingesetzt, um „Nahaufnahmen" oder feine Strukturen der beobachteten Himmelskörper zu erreichen. Aber für die Größenbestimmung sind Nahaufnahmen nicht empfehlenswert. Trotzdem kann man sie aber für die Größenbestimmung einsetzen. Vor allem benutzen die Hobbyastronomen die Webcams um Videosequenzen aufzunehmen und durch Addieren der einzelnen Bilder im Video ein einziges, aber sehr qualitatives Bild zu erstellen. Bei unserem Versuch jedoch, wurde nur ein einziges Bild anstatt einer Videosequenz aufgenommen. Bei Einzelaufnahmen besteht der Nachteil, dass das Seeing „die Luftunruhe"(siehe Glossar) unscharfe Bilder hervorbringt.

„Die Luftunruhe verursacht ein ständiges Wabern des Bildes. Auch wenn man in einem Leitfernrohr einen ruhigen Moment abwartet, weiss man nicht, wie sich das Seeing im Moment der Aufnahme verhält"[15]

Dadurch dass bei Einzelaufnahmen es durch den Seeing zu Verzerrungen der Bilder kommt, kann das Objekt ganz wenig größer oder kleiner erscheinen. Beispielsweise sind in der Abbildung 7 links die Sonnenflecken recht unscharf abgebildet. Dieses Anzeichen von schlechtem Seeing widerspiegelt sich dann auch in unserem Ergebnis. Bis jetzt haben wir festgestellt, dass große Abbildungen und Einzelbilder nicht besonders gute Ergebnisse liefern. Für den weiteren Verlauf werden wir uns Theorien entwickeln, womit man erstens ein Abbild in optimaler Größe bekommt und zweitens mit einer Webcam und einer Videosequenz, die mehr als nur ein Einzelbild herstellt, die Größe bestimmen kann.

Das verwendete Teleskop kann man auch als Kritik anschauen. Das von Newton entwickelte Teleskop war nicht dafür da, die Objekte zu fotografieren. Heutzutage gibt es schon neue Teleskopsysteme, die sogar speziell für die Astrofotografie entworfen wurden. Darunter zählt z.B. das Schmidt-Teleskop (siehe Anhang 7.5). Dieses Teleskopsystem hat im Gegensatz zum unseren Teleskop eine sogenannte Korrektionsplatte die sämtliche Bildfehler verbessert. Außerdem hat das Schmidt-Teleskop keinen Okularauszug wie beim Newton-Teleskop, sondern hat eine Photoplatte, die direkt qualitative Bilder erzeugt. [9][35] Der parabolförmige Hauptspiegel des Newton-Teleskops korrigiert zwar einige Bildfehler, aber die seitlich befindenden Objekte, dessen Lichtstrahlen schräg auf den Hauptspiegel fallen, werden leider nicht exakt punktförmig wieder ausgestrahlt. [36] Dieser sogenannte Koma (siehe Glossar) lässt sich an der Abbildung 6 von den Sonnenflecken am Rand bemerkbar machen und ist für die Größenbestimmung vom Nachteil.

4.4 Theorie zur afokalen Astrofotografie

4.4.1 Aufbau

Der Aufbau einer afokalen Fotografiemethode besteht aus einer Linse (Hauptspiegel), einem Okular und einer Kamera. Nachdem die parallelen Lichtstrahlen durch den Hauptspiegel gebrochen sind und durch den Fangspiegel nun in das Okular umgelenkt sind, verursacht das Okular, dass die Lichtstrahlen in dem Teleskop wieder parallel austreten. Aber wie auch in der fokalen Astrofotografie treffen auch hier die Lichtstrahlen in einem Brennpunkt auf die Sensorfläche der Kamera. Nur hier werden die parallelen Lichtstrahlen durch das Objektiv der Kamera in den Brennpunkt gebrochen. [20][21]

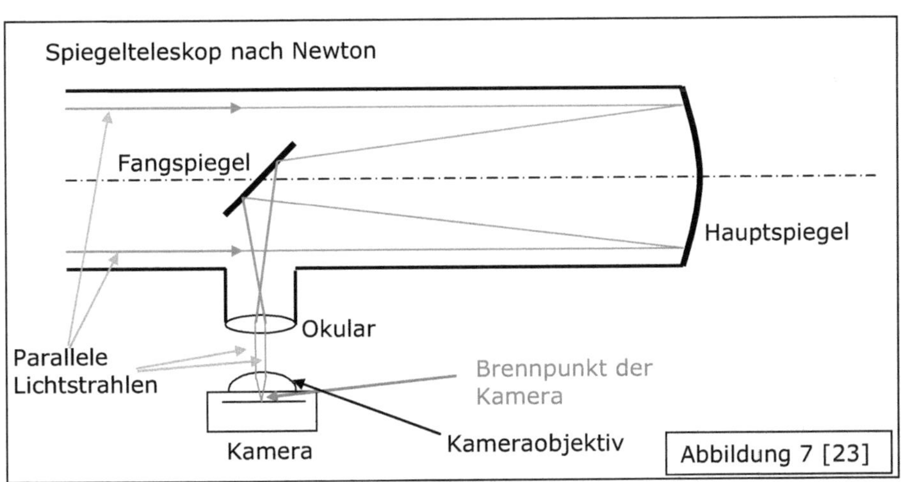

4.4.2 Anwendung der Linsengleichung

Bei der Anwendung der Linsengleichung kann man im Prinzip so vorgehen wie bei den Kameraversuchen aus 3.2 und 3.3. Die einzige vorhersehbare Schwicrigkeit ist jedoch, dass man diesen Vorgang 3-mal wiederholen muss. Da hier das Linsensystem aus mehreren Linsen geprägt ist, muss man umso öfter die Abbildungsgleichung wiederholen. Daher erwarten wir nicht unbedingt ein gutes Ergebnis.

Bei der Ermittlung des Abbildungsmaßstabs wird man sozusagen „nacheinander" rechnen. D.h. durch die ermittelte Bildgröße B_1 des Fotos, der durch die Kamera erstellt wurde und durch die Bildweite b_1 der Kamera und durch die Entfernung zum Okular des Teleskops (g_1), wird die erste

Gegenstandsgröße G_1 festgelegt. Dieser Gegenstand würde sozusagen im Okular des Teleskops liegen. Im nächsten Abschnitt wird diese Gegenstandsgröße G_1 zur zweiten Bildgröße B_2. Mit dieser Bildgröße B_2 und der Bildweite b_2 des Okulars, der hier der Brennweite des Okulars entspricht und mit der Gegenstandsweite g_2, der der Entfernung zwischen dem Okular und dem Brennpunkt F des Hauptspiegels liegt, wird die zweite Gegenstandsgröße G_2 ermittelt. Dieser Gegenstand stünde aber im Brennpunkt des Hauptspiegels. Im letzten Abschnitt wird diese zweite Größe G_2 wieder zur Bildgröße B_3. Mithilfe der Brennweite des Hauptspiegels und dieser Bildgröße B_3 hätte man nun den letzten Abbildungsmaßstab ermittelt und durch die Kenntnis der Entfernung g_3 zum Himmelsobjekt wäre nun die Größe G_3 dieses Objekts endlich bestimmt. (für eine hilfreiche Skizze: siehe Anhang 7.4)

Formelhaft wäre es wie folgt ausgedrückt:

$$G_1 = \frac{B_1}{b_1} \cdot g_1 \quad \rightarrow \quad G_1 = B_2 \quad \rightarrow \quad G_2 = \frac{B_2}{b_2} \cdot g_2 \quad \rightarrow \quad G_2 = B_3 \quad \rightarrow \quad G_3 = \frac{B_3}{b_3} \cdot g_3$$

oder:
$$G_3 = \frac{\left(\dfrac{B_1}{b_1} \cdot g_1\right)}{\dfrac{\left(b_2 \cdot g_2\right)}{\left(b_3 \cdot g_3\right)}} \qquad (2)$$

4.5 3. Methode: Die afokale Astrofotografie

4.5.1 Ziel

Mithilfe der Theorie von 4.4 afokalen Fotografiemethode anwenden und Fotos erzeugen, wo der ganze Himmelskörper so groß wie möglich dargestellt wird.

4.5.2 Materialien

- Teleskop (Angaben dazu siehe Anhang)
- Kamera (Fujifilm finepix j120)
- Für das Fotografieren der Sonne: Baader-Sonnenfolie*
- Maßband für das Messen der Längen g_1 und g_2

4.5.3 Durchführung

Nachdem man das Teleskop zum Objekt eingestellt hat und ein passendes Okular angelegt hat, wo man den ganzen Himmelskörper sieht, bringt man in unmittelbarer Entfernung vom Okular die Kamera und fotografiert sozusagen das Okular. Nachdem man die messbaren Größen g_1 und g_2 mit einem Maßband am Teleskop gemessen hat und die Größen $b_2=f_2$ und $b_3=f_3$ an den jeweiligen Linsen abgelesen hat, kann man mit der Berechnung anfangen.

Bemerkung: Während der Durchführung bemerkten wir, dass die Durchmesser der Objekte bei 5-fachem Zoom nicht in das Foto passen. Da wir uns aber zum Ziel gesetzt haben, unbedingt das ganze Objekt ins Foto zu bringen, setzten wir den 5-fachen Zoom zurück auf einfach. Die neue Bildweite bei einfachem Zoom beträgt 3486,333 px.

4.5.4 Ergebnis

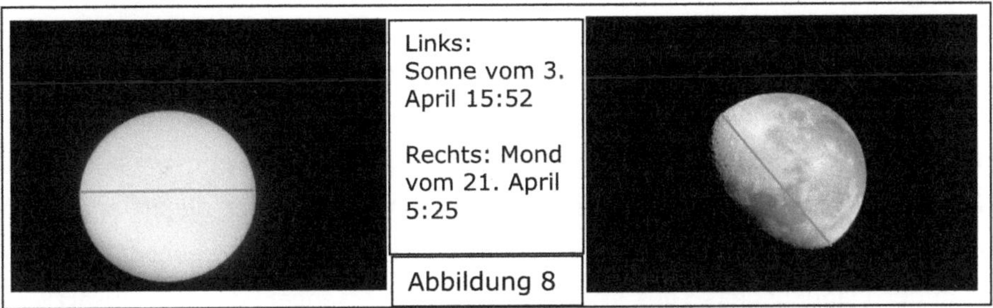

Ein Querschnitt des afokalen Linsensystems zeigt bei dieser Fotografie die Zwischenergebnisse des Versuchs: **Für Sonne und Mond:**

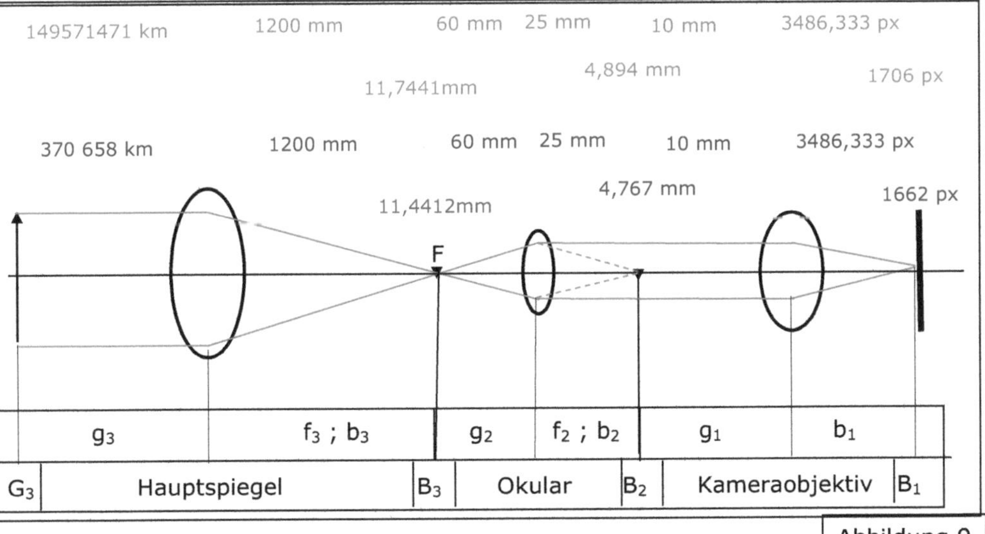

Abbildung 9

Aus (2) und Abbildung 9:

Sonne: = 1 463 811 km   (Abweichung 5,2%)

Mond: = 3 534 km   (Abweichung 1,7 %)

4.5.5 Deutung

Unsere Zielsetzung, dass man eine große Abbildung braucht um die Größe
erfolgreicherer zu bestimmen, war richtig und wir haben sie auch somit
erreicht. Die Abweichungen haben sich ziemlich reduziert. Die Objekte beim
Kameraversuch waren zu klein und die Objekte bei der fokalen Fotografie
waren zu groß, aber bei dieser Fotografie erhält man die zum Ziel gesetzte
große Abbildung. Die Ergebnisse sind vergleichbar mit den Kontrollergebnissen
aus dem Vorversuch beim Einsatz der Kamera. (siehe 3.2.) Dabei haben wir
ein Objekt (Buch) fotografiert, der auch so wie hier recht groß auf dem Foto
abgebildet ist. Beide Versuche liefern ungefähr die gleichen kleinen
Abweichungen, weil sie gleich groß abgebildet sind. Auch wenn wir befürchtet
haben, dass die Größenberechnung bei diesem Versuch durch die vielen Zahlen
all zu schwer sein wird, bekommt man dennoch ein gutes Ergebnis. Zwar war
es in der Planungsphase des Versuchs nicht vorhersehbar, dass die zusätzliche
Vergrößerung der Kamera gleiche Fotos wie in Abbildung 6 liefern würden,
aber durch die letzte Änderung während der Durchführung haben wir auch das
erreicht, was wir erwarteten. Auch die Kamera spielt eine Rolle bei dieser
erfolgreichen Größenbestimmung. Die Webcam ist für Details zwar sinnvoller,
aber für „Panoramaaufnahmen" ohne hohe Vergrößerung, die ja für die
Größenbestimmung besser ist, ist eine normale Digitalkamera ausreichend.
Die Atmosphäre bewirkt, dass die Lichtstrahlen der Objekte aus dem Weltall
beim Eintritt gebrochen werden. Die Refraktion bezeichnet die Brechung,
womit sich die Lage eines Objekts am Himmel verändert, und wenn das Objekt
in Horizontnähe befindet, verkleinert sich auch der senkrechte Durchmesser.
[27] [39] Aber bei dieser Messung befanden sich die Objekte nicht in
Horizontnähe und von daher ist dies keine Erklärung. Wenn wir das Seeing in
Betracht ziehen, wurde das Seeing sehr reduziert. Das liegt auch daran, dass
wir diesmal den Tubusseeing (siehe Glossar) reduziert haben. Bei nicht so
großen Aufnahmen, wie hier wabern die Bilder auch nicht so weit und die

Größe wird auch dadurch fast gar nicht geändert. (Vgl.: 4.3.5) Ein anderer Aspekt ist auch, dass wir weder mit der Kamera noch mit dem Auge die tatsächliche Größe fotografieren können. Wir können nur die scheinbare Größe fotografieren. Bei den kugelförmigen Objekten sehen wir sozusagen nur den vorderen Teil des Objekts, der den hinteren Teil, wo auch die Achse, also der Durchmesser durchgeht, versteckt und für uns nicht sichtbar macht. Aber wenn man die tatsächliche Größe ausgerechnet hat, kann man die wahre Größe durch Trigonometrie berechnen. [33] Dies wurde bisher immer vernachlässigt. Beim nächsten Versuch wollen wir dies berücksichtigen.

Die nächste Methode soll, wie man es auch in der letzten Deutung angesprochen hat, mit einer Videosequenz die Größe bestimmen. Die Webcam dazu kann direkt am Computer ein Video einstellen und kann die exakte Zeit bestimmen, die der Körper für seinen Durchmesser benötigt. Man muss dabei nichts markieren und daher erwarten wir gute Ergebnisse.

5. Methode: Größenbestimmung mittels Zeitmessung [29]

5.1 Theorie zur Größenbestimmung mittels Zeitmessung

Wenn man bedenkt, dass die Sonne und der Mond am Himmel eine Kreisbahn beschreiben, könnte man ja die Zeit messen, mit der sie ihren eigenen Durchmesser in dieser Bahn zurückgelegt haben. Beide Himmelskörper umkreisen ihre Bahn in 24h einmal. Für die Geschwindigkeit dieser Objekte um ihre Kreisbahn gilt:

$$v = \frac{s_{Kreisbahn}}{T_{Kreisbahn}} = \frac{2 \cdot \pi \cdot r}{24h}$$

Hierbei ist r die Entfernung zum Himmelskörper (ursprünglich g).

Wenn man nun die Zeit, in der das Objekt ihren eigenen Durchmesser zurücklegt, als Δt bezeichnet, dann legt das Objekt ihren Durchmesser D mit der Geschwindigkeit v in der Zeit Δt zurück:

$$D = v \cdot \Delta t = \frac{2 \cdot \pi \cdot r \cdot \Delta t}{24h} \qquad (1)$$

Dieses Ergebnis gilt aber sozusagen nur für den scheinbaren Durchmesser des Objekts. Man muss zwischen scheinbaren und tatsächlichen Durchmesser unterscheiden. (siehe Abbildung 9) Da die beobachteten Körper kugelförmig sind, sehen wir nur den „vorderen Teil" der Sonne, der den exakten Durchmesser des Himmelskörpers nicht zeigt. Der exakte Durchmesser des Himmelskörpers liegt eher „hinten", den man mit dem Auge in Wirklichkeit nicht sieht. (Abbildung 9) [33]

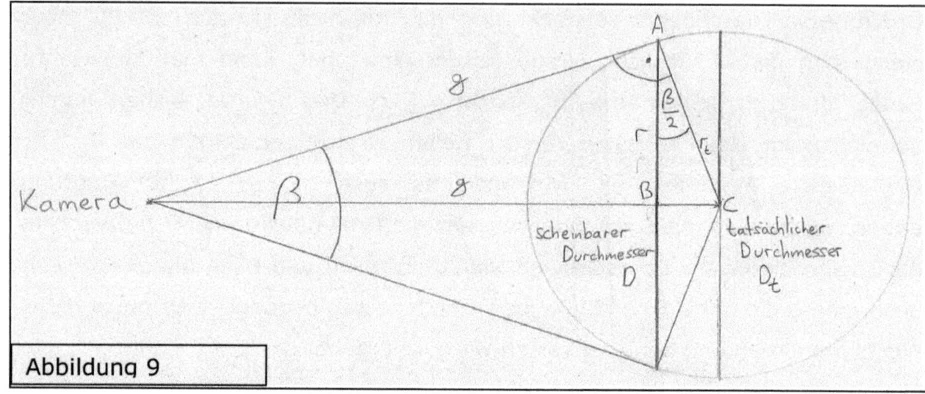

Abbildung 9

Mithilfe der Trigonometrie wollen wir nun aus dem scheinbaren Durchmesser den tatsächlichen Durchmesser gewinnen. Aus dem Dreieck ABC erkennt man:

$$\cos\left(\frac{\beta}{2}\right) = \frac{r}{r_t} = \frac{D}{D_t} \qquad (2)$$

β ist der Kreisbogen, den das Objekt mit seinem gesamten Durchmesser in der Zeit Δt durchfährt. Somit gilt:

$$\beta = \frac{2 \cdot \pi \cdot \Delta t}{24h} \qquad (3)$$

Aus (2) und (3) erhält man:

$$D_t = \frac{D}{\cos\left(\dfrac{\pi * \Delta t}{24h}\right)} \qquad (4)$$

Dieser Plan soll nach unseren Erwartungen her, da die Software die Zeit sehr genau bestimmen kann, gute Ergebnisse liefern. Aber nur die Zeitmessung vom Mond wird schwierig, weil wir den Vollmond verpasst haben und somit nicht den ganzen Mond messen können, erwarten wir schlechtere Ergebnisse.

5.2 4. Methode: Versuch zur Zeitmessung

5.2.1 Ziel

Mit der Theorie von 6.1 die Größe der Sonne und des Mondes mithilfe einer Videosequenz und Zeitmessung bestimmen.

5.2.2 Materialien

Das gleiche wie bei der fokalen Astrofotografie 5.2

5.2.3 Durchführung

Nachdem man die Webcam mit dem Computer angeschlossen hat und an die Stelle des Okulars am Teleskop platziert hat und die Schärfe eingestellt hat, nimmt man mit der geeigneten Software (Giotto) eine Videosequenz auf und blendet die Zeitmessung an und misst die Zeit, wie lang das Objekt benötigt um einmal „durch den Sensor vollständig mit ihrem Durchmesser zu wandern".

5.2.4 Ergebnis

Die Videoaufnahmen lassen sich aus diesen Internetseiten abrufen:

Sonne: http://www.youtube.com/watch?v=Eu6Qx2z9sP0

Mond : http://www.youtube.com/watch?v=qbrLqrO2IZQ

	Sonne	Mond
aus Video	$\Delta t = 129$ s	$\Delta t = 122$ s
aus Stellarium	$r = 150\ 150\ 507$ km	$r = 375\ 496$ km
in (1)	$D = 1\ 408\ 546$ km	$D = 3\ 331$ km
in (4)	$D_t = 1\ 408\ 547$ km	$D_t = 3\ 331$ km
Literaturwert	$D_L = 1\ 392\ 000$ km	$D_L = 3\ 476$ km
Abweichung	1,2 %	4,2 %

5.2.5 Deutung

Der Versuch hat unsere Erwartungen erfüllt. Hierbei hat man weder etwas markiert noch das Seeing, also das Wabern von einzelnen Bildern macht nichts aus, da wir nicht die Einzelbilder anschauen, sondern den ganzen Verlauf des Objekts. Die einzige Schwierigkeit hierbei ist es, das Teleskop so einzustellen, dass das Objekt in der nächsten Zeit durch das Teleskop wandern soll. Oft hat man die Videoaufnahmen gestartet, jedoch wanderte der Durchmesser des Objekts nicht durch das Teleskop. Hierbei braucht man ein wenig Geduld, aber wenn man es schafft, dann bekommt man gute Ergebnisse. Bei den Ergebnissen stellt man fest, dass der scheinbare und der tatsächliche Durchmesser gar nicht unterschiedlich sind. D.h. man sieht schon fast mit dem Auge sozusagen den „Nord- und Südpol" von Sonne und Mond, woraus man auch fast gleich die tatsächliche Größe bestimmen könnte. Der Grund, wieso die beiden Durchmesser fast gleich sind, liegt in ihren Entfernungen zum Beobachter. Bei sehr kleiner Entfernung erscheint der „vordere Teil" des Körpers viel größer und versteckt die „Nord- und Südpole" noch weiter „hinten". Bei weiter entfernten Objekten versteckt der „vordere sichtbare Teil" des Objekts nicht so weit dahinten die Achse. Da beide Objekte für uns sehr weit sind, macht die Trigonometrieberechnung vom sichtbaren zum tatsächlichen Durchmesser gar nichts aus. Für zukünftige Bestimmungen würden wir diese Zusatzberechnung vernachlässigen und finden es auch gut, dass wir es davor schon nicht berücksichtigt haben.

Was hier im Gegensatz zu anderen Methoden anders ist, dass das Ergebnis vom Mond eine größere Abweichung zeigt, als das von der Sonne. Dies entspricht unseren Erwartungen, wenn man sich das Video vom Mond anschaut, dann bemerkt man, dass der Mond kein Vollmond war. Das Video zeigt das sogenannte dritte Viertel der Mondphase. Der Vollmond war am 18. April und der aufgenommene kleinere Mond war vom 22. April. Deswegen bekamen wir zum ersten Mal ein Ergebnis, der unter dem Literaturwert ist. Die Entstehung der Abweichung durch die Mondphase haben wir zwar vorhergesehen, aber man könnte es auch in der Formel berücksichtigen. Wenn man rechnet, wie viel der Mond prozentual nach diesen 4 Tagen abgenommen hat, kommt man etwa auf das Ergebnis von $\frac{4\,\text{Tage}}{30\,\text{Tage}} \cdot 100\% = 13{,}3\%$. Während

der Zeitmessung haben wir noch absichtlich die Zeit überschritten um diese 13,3% Abweichung zu reduzieren. Aber die 4.2% zeigen, dass wir doch nicht gut abschätzen konnten, wann genau der Durchmesser des Mondes abgelaufen ist. Von daher ist die Bestimmung des Mondes mit der Zeit sehr komplex, es sei denn es herrscht totaler Vollmond.

6. Fazit, Ausblick auf die 4 Methoden

Die vier angewendeten Methoden sind nicht alle geeignet für die Bestimmung der Größe von Sonne und Mond. Die erste Methode bringt kann die Größen nur grob bestimmen. Sie erreicht schon ihr Potenzial bei Sonne und Mond. Für weitere astronomische Objekte könnte man die erste Methode nicht anwenden. Aber der erfolgreiche Vorversuch hat uns ermutigt mit der Abbildungsgleichung weiter zu arbeiten. Somit kamen wir später auf das Teleskop. Die fokale Astrofotografie brachte detailreiche Bilder von Sonne und Mond, aber dort waren sie so groß abgebildet, sodass man den Durchmesser sehr umständlich ermitteln konnte. Dieses Verfahren ist daher für große Objekte wie Sonne oder Mond nicht geeignet. Aber interessant wären Planeten oder Nebeln mit diesem Verfahren zu fotografieren, da ihr ganzes Durchmesser ins Bild passen würde und man ihre Größe einfacher und besser bestimmen könnte. Die afokale Astrofotografie bringt uns zum Ziel, die Sonne und den Mond und ihre ganzen Durchmesser sehr groß zu fotografieren. Sie brachte bis jetzt die besten Ergebnisse unter den drei Methoden mit der Linsengleichung. Vor allem die Mondgröße konnte damit gut ermittelt werden. Im Anschluss wollten wir aber über die Abbildungsgleichung hinaus gehen. Die Zeitmessung war die beste Methode die Sonnengröße zu bestimmen. Die vierte Methode wird heutzutage so ähnlich angewendet um die Größe von Asteoriden zu bestimmen. Dabei nehmen Raumsonden auch wie wir Fotos oder Videos auf und bestimmen ihre Größe mit einer Bildverarbeitung [30]. Die Raumsonden haben den Vorteil, dass sie abseits der Erdatmosphäre sind und wirklich die besten Aufnahmen liefern. Für erdgebundene Messungen sollte man geeignete Teleskope nehmen. Aber man entwickelt auch heutzutage neue Beobachtungstechniken, die auch bei erdgebundenen Aufnahmen das Seeing auf das Minimum reduzieren und auch die Größenbestimmung verbessern. Das „Lucky Imaging" ist einer dieser Techniken. Dabei werden Langzeitaufnahmen von Objekten gemacht. Ein Programm dazu zerlegt die Aufnahme in Einzelbilder und pickt die Bilder, die zu dem Moment am wenigsten vom Seeing betroffen waren und am schärfsten abgebildet sind, heraus und addiert diese auserwählten Bilder wieder zusammen. [40][41] Für diese Methode braucht man aber lediglich eine gute Nachführung, die das Objekt immer im Blickpunkt behält.

7. Anhang

7.1 Das Teleskop

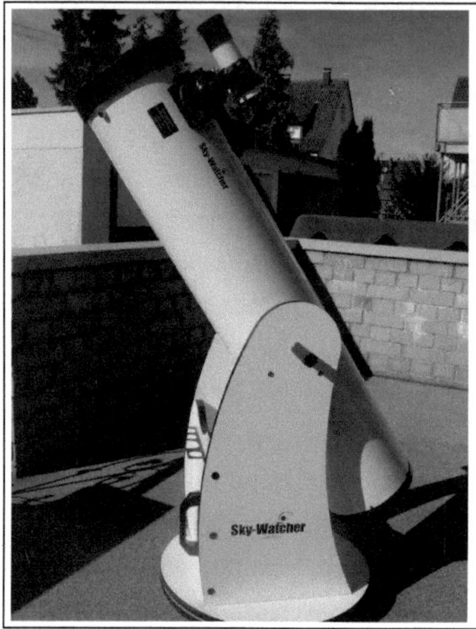

Links: ein 8' Newton Teleskop von Sky Watcher, Dobson Montierung

Oben: die Angaben zur Öffnung sowie auch die Brennweite des Hauptspiegels. Diese Angabe ist für die Bestimmung des Abbildungs- maßstabs beim Einsatz des Teleskops.

7.2 Die Webcam

Links: Die Webcam Philips ToUcam; Ihr Objektiv wurde abmontiert, sodass man mit ihr afokale Fotografie betreiben kann. Diese Webcams sind seit neuem in der Astrofotografie sehr beliebt, da sie große qualitative Bilder von Objekten hervorbringt. [15] [16] Daneben steht der Adapter, mit der man sie an das Teleskop anbringt. Wenn man die Webcam an einen Computer angeschlossen hat, erzeugt sie, sofern man die passende Software (Giotto) dazu hat, sofort Bilder. Diese Bilder ermöglichen dann die Größenbestimmung.

7.3 Querschnitt eines fokalen Linsensystems [19]

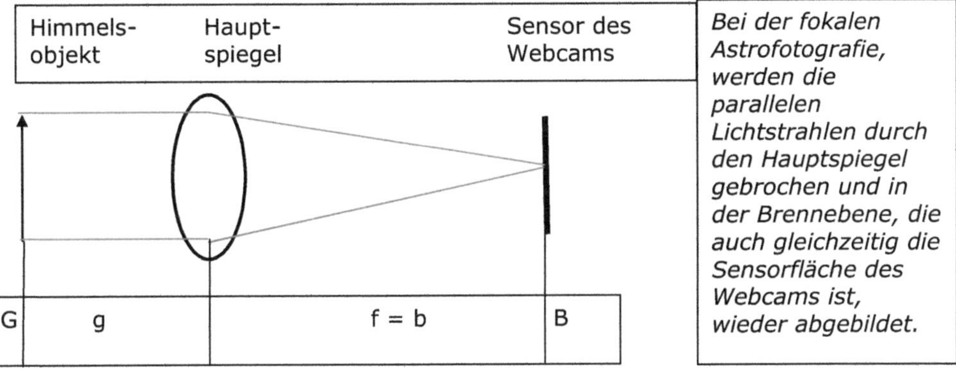

7.4 Querschnitt eines afokalen Linsensystems [21]

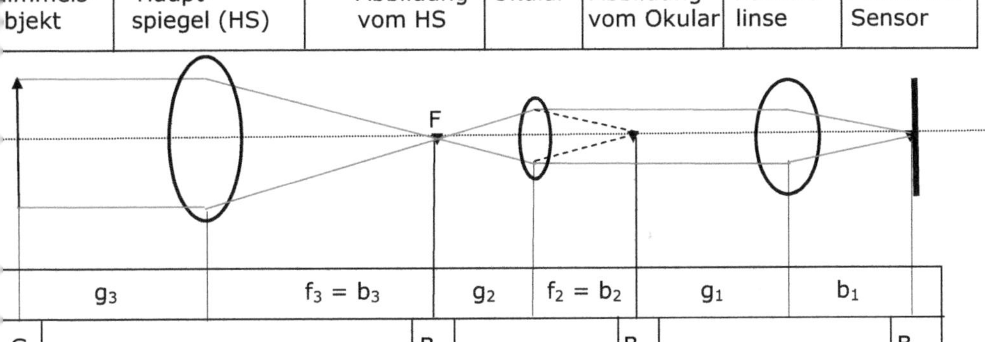

Bei der afokalen Astrofotografie werden die Lichtstrahlen dreimal gebrochen. Die parallelen Lichtstrahlen werden zuerst durch den Hauptspiegel gebrochen und treffen danach das Okular des Teleskops. Bis zum Okular sind sie nicht mehr parallel. Dann werden die Lichtstrahlen wieder parallel bis zur Kameralinse umgelenkt. Die Linsen der Kamera brechen die Lichtstrahlen wiederum so, dass sich die Lichtstrahlen an der Sensorfläche wieder versammeln.

7.5. Strahlengang eines Schmidt-Teleskops

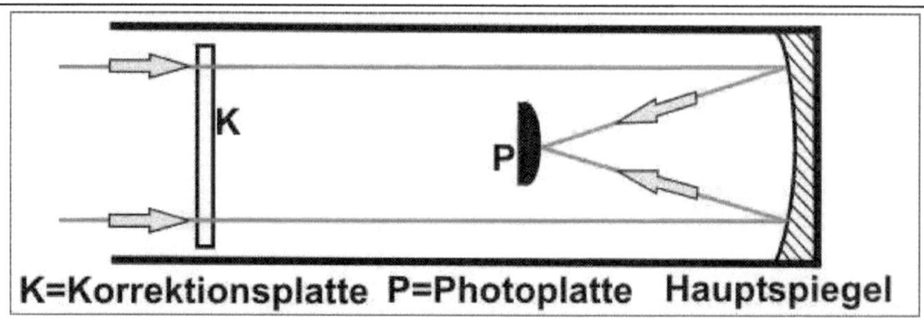

Das Schmidt-Teleskop findet in der Astrofotografie seine Verwendung. Dieses Teleskopsystem wurde dafür entworfen, sämtliche Bildfehler zu korrigieren. Die Korrektionsplatte erfüllt diesen Zweck.
http://www.astronomie.de/technik/teleskopsysteme/reflektoren/schmidt-kamera/

8. Glossar

scheinbare Größe:

Dies ist die Größe, die der Betrachter wahrnimmt. Sie muss man unterscheiden von der tatsächlichen Größe. Z.B. die Sonne ist in Wahrheit viel größer als der Mond. Jedoch erkennen wir sie beide als gleichgroß. Der Grund dafür liegt in ihren Entfernungen. Die Sonne ist viel größer, aber auch weiter weg, so dass sie gleich groß erscheint wie der Mond, der in Wahrheit viel kleiner ist, aber dementsprechend auch näher zu uns liegt. Ein anderes Beispiel ist auch, dass man bei kugelförmigen Objekten nur den Teil des Kugels sieht, woraus man nicht exakt die wahre Größe bestimmen kann, sondern nur die scheinbare Größe. Aber mithilfe von trigonometrischen Berechnungen kann man auch den tatsächlichen Durchmesser ermitteln. [33]

Die scheinbare Größe wird herkömmlich in Grad gemessen. 10° entsprechen ungefähr der Größe einer Faust, die man in den Himmel streckt. [8][31][32] Die scheinbaren Größen von Sonne und Mond sind ungefähr 31'5''. [8]

Seeing:

Das Seeing (auf deutsch: „das Sehen" übersetzt: „Die Luftunruhe") beschreibt die Bildunschärfe bei den Aufnahmen von Himmelsobjekten oder generell bei der Beobachtung des Nachthimmels, die durch optische Turbulenz in der Erdatmosphäre zustande kommt. Durch Wind bewegen sich die Teilchen in der Atmosphäre und erwärmen sich unterschiedlich schnell. Nun müssen einfallende Lichtstrahlen aus dem Weltall in die Atmosphäre durch unterschiedlich warme Luftschichten zum Beobachter gelangen. Dabei verändert sich der Brechungsindex der Luft, die dazu führt, dass die Objekte verzerrt gesichtet werden. [24][25]
Das Wetter beeinflusst natürlich auch das Seeing. Beispielsweise ist Wind Anzeichen vom schlechten Seeing, oder wenn in der Nacht die Temperaturen sehr stark abfallen. Allgemein herrscht in Wendlingen nicht besonders gutes Seeing. Es gibt auch den **Tubusseeing**, der durch das „warme" Teleskop und durch die „kalte" Umgebung hervorgeht. Dieser Seeing kann jedoch einfach reduziert werden, wenn man abwartet bis das Teleskop sich an die Umgebungstemperatur angepasst hat. [38]

Mondtäuschung:

Die Mondtäuschung ist ein Phänomen der Wahrnehmungspsychologie. Dies beschreibt die optische Täuschung, durch die für einen Beobachter der Mond oder die Sonne bei ihrem Untergang am Horizont das jeweilige Objekt größer erscheint als am Zenit. Physikalisch ist dieses Phänomen nicht erklärbar. [34] Jedoch gilt allgemein die Theorie, dass der Mensch die Sonne oder den Mond am Horizont mit anderen Objekten auf der Erde vergleicht, würde er im Normalfall das Objekt gleich groß sehen wie ein Baum etc. der in der Umgebung des Objekts ist. Aber der Beobachter kennt die Information über die Entfernung des Objekts, die vom Gehirn automatisch verarbeitet wird. Daher erscheint dem Beobachter der Himmelskörper größer. [34]

Koma:

Lichtstrahlen, die nicht parallel zur optischen Achse eines Linsensystems (Teleskop) auftreten, werden durch die Linsen auch nicht wieder entlang der optischen Achse in einem Brennpunkt der Linse gebündelt. Die Linse bricht die Lichtstrahlen asymmetrisch, sodass die Lichtstrahlen am Ende auf eine ganze Fläche erscheinen können, die für den Beobachter sehr unscharf erscheint. [37]

9. Literaturverzeichnis

Bilder auf dem Deckblatt:

Sonne: http://www.retzstadt.de/Sonne.18.jpg   (9.5.2011)

Mond : http://www.kracht-ac.de/hp/bilder/Mond/MondMosaik140603g.jpg
(9.5.2011)

[1]   DR. JOHANN DORSCHNER, DR. JOACHIM GÜRTLER, PROF. DR. KARL-HEINZ LOTZE, PROF. DR. HELMUT MEUSINGER, PROF. DR. WERNER PFAU (2011) Handbuch der experimentellen Physik Sekundarbereich II Band 11 N: Astronomie – Astrophysik Kosmologie, Aulis Verlag, Hallbergmoos, Seite 75

[2]   MATTHIAS PENSELIN 2011: Wie groß ist das?, Astronomie + Raumfahrt im Unterricht, Heft-Nr.48 : S17-21

[3]   http://de.wikipedia.org/wiki/Lochkamera (18.2.2011)

[4]   http://www.sternwarte-halle.de/Astrostation/KI_Himmelskunde/Sonne/sonne.html (16.2.2011)

[5]   http://www.neunplaneten.de/nineplanets/luna.html (16.2.2011)

[6]   http://www.hofheiminstruments.com/sonnenfilter.html (2.4.2011)

[7]   http://www.baader-planetarium.de/sektion/s46/s46.htm#folie (2.4.2011)

[8]   http://www.kernschatten.de/html/wie.html (7.3.2011)

[9]   http://www.astronomie.de/technik/teleskopsysteme/reflektoren/schmidt-kamera/ (9.5.2011)

[10]   http://www.astrofotografie.org/grundlagen.htm (15.4.2011)

[11]   http://www.ccdastro.de/technik/astro_dslr.pdf (24.4.2011)

[12]   http://www.letsgodigital.org/de/camera/specification/1936/show.html (7.5.2011)

[13]   http://www.unibrain.com/download/pdfs/Fire-i_Board_Cams/ICX098BQ.pdf (2.3.2011)

[14]   http://de.wikipedia.org/wiki/Afokales_Linsensystem (21.4.2011)

[15]   http://lexikon.astronomie.info/foto/serie/serie_16.html (25.4.2011)

[16]   http://www.astrofotografie.org/webcam.htm   (23.3.2011)

[17]   http://www.astronomie.de/beobachtungspraxis/der-mond/fotografische-beobachtung/fokale-mondfotografie/ (22.3.2011)

[18]   http://www.astronomie-tagebuch.de/grundbegriffe.php (30.4.2011)

[19]   http://astrofotografie.hohmann-edv.de/aufnahmetechniken/grundlagen.fokale.projektion.php (25.3.2011)

[20]   http://www.astronomie.de/beobachtungspraxis/der-mond/fotografische-beobachtung/afokale-mondfotografie/ (4.4.2011)

[21]   http://astrofotografie.hohmann-edv.de/aufnahmetechniken/grundlagen.afokale.okularprojektion.php (4.4.2011)

[22]   http://de.wikipedia.org/wiki/Kreissegment (24.3.2011)

[23]   http://astrofotografie.hohmann-edv.de/teleskope/reflektoren.newton.php (1.4.2011)

[24]   http://de.wikipedia.org/wiki/Seeing (28.4.2011)

[25]   http://astrofotografie.hohmann-edv.de/grundlagen/seeing.php (28.4.2011)

[26]   http://www.ajoma.de/html/beobachtungsbedingungen.html (27.4.2011)

[27]   http://www.scienceblogs.de/astrodicticum-simplex/2011/03/das-verfruhte-ende-der-polarnacht-und-die-astronomische-refraktion.php (29.4.2011)

[28]   http://www.sternwarte-crimmitschau.de/igac/php/inhalt.php?artikel=83 (26.4.2011)

[29]   PROF. DR. KLAAS DE BOER, DIETMAR FÜRST, PROF. DR. DIETER B. HERRMANN, JÖRG LICHTENFELD, DR. OLIVER SCHWARZ, KLAUS ULLERICH, DR. BERND ZILL (2004) Astronomie: Gymnasiale Oberstufe • Grundstudium, Paetec Verlag, Mannheim, Seite 126f.

[30]   http://webresources.vsb.cz/grab/planetarium.vsb.cz/planetarium.vsb.cz/shared/uploadedfiles/planetarium/Asteroid1202gg.pdf   Seite 7 (10.3.2011)

[31]   http://www.br-online.de/wissen-bildung/spacenight/sterngucker/info/groesse.html   (30.4. 2011)

[32]   http://en.wikipedia.org/wiki/Angular_size   (30.4.2011)

[33]   http://lexikon.astronomie.info/stichworte/Berechnungen.html#ScheinbarerDurchmesser (8.5.2011)

[34]   http://www.psy-mayer.de/links/Mond/mond.htm (8.5.2011)

[35]   http://de.wikipedia.org/wiki/Schmidt-Teleskop (9.5.2011)

[36]   http://www.astronomie.de/technik/teleskopsysteme/reflektoren/newton-teleskop/ (9.5.2011)

[37]   http://www.l-camera-forum.com/leica-wiki.de/index.php/Abbildungsfehler#Koma_.28Asymmetriefehler.29 (9.5.2011)

[38]   http://www.epsilon-lyrae.de/TeleskopTechnik/Schlieren/ArtikelSchlieren.html (10.5.2011)

[39]   http://www.psy-mayer.de/links/Mond/Mond-2/mond-2.htm (11.5.2011)

[40]   http://www.ast.cam.ac.uk/research/lucky/ (11.5.2011)

[41]   http://www.welt.de/wissenschaft/article1174815/Lucky_Imaging_liefert_schaerfere_Bilder_als_Hubble.html   (11.5.2011)